私享样板生活
To Enjoy Your Show Flat

精品文化 编

经典混搭风格
Classical Mix and Match Style

U0347653

华中科技大学出版社
http://www.hustp.com

图书在版编目(CIP)数据

私享样板生活.经典混搭风格/精品文化编 —武汉：华中科技大学出版社，2013.5
ISBN 978-7-5609-8741-5

I. ①私… II. ①精… III. ①住宅－室内装饰设计－图集 IV. ①TU241-64

中国版本图书馆CIP数据核字(2013)第040822号

私享样板生活 经典混搭风格

精品文化 编

出版发行：华中科技大学出版社（中国·武汉）

地　　址：武汉市武昌珞喻路1037号（邮编：430074）

出 版 人：阮海洪

责任编辑：刘锐桢　　　　　　　　　　　　　　　　责任监印：秦　英

责任校对：曾　晟　　　　　　　　　　　　　　　　装帧设计：李红靖

印　　刷：天津市光明印务有限公司

开　　本：889 mm×1194 mm　1/32

印　　张：6

字　　数：96千字

版　　次：2013年5月第1版第1次印刷

定　　价：39.80元（USD 8.99）

投稿热线：(010)64155588-8000 hzjztg@163.com

本书若有印装质量问题，请向出版社营销中心调换

全国免费服务热线：400-6679-118 竭诚为您服务

经典混搭风格

"混搭"英文原词为"Mix and Match"。混搭是一个时尚界的专用名词，指将不同风格、不同材质、不同价值的东西按照个人喜好拼凑在一起，从而混合搭配出完全个人化的风格。混搭又称为"混合搭配"，就是将传统上由于地理条件、文化背景、风格、质地等的不同而不能相互融合的元素进行搭配，组成有个性特征的新组合体。

混搭的流行始于2001年的时装界，如今混搭在各领域大行其道。它表达着一种交叉含义。这个词本身一直也在经历着快速的变化，被不断赋予新的含义。

混搭看似漫不经心，实则出奇制胜。虽然是多种元素共存，但不代表乱搭一气。混搭是否成功，关键还是要确定一个基调，以这种风格为主线，其他风格做点缀，应当有轻有重、有主有次。混搭应该特别注意颜色的搭配，即都要围绕一个主题。混搭的颜色不要太多，以三四种为宜。同时，应该注意颜色之间的过渡和呼应，体现一种看似不经意间流露出来的精致。另外，配饰在混搭时更要遵循精到的原则。多，未必累赘；少，未必得当。即使整体面积不是很大，材质也需要拟定1～2种色彩、质地和花纹，比如壁纸、窗帘、沙发、床品等。除非用来专门展示，否则摆件还是与主色调一致比较保险。

生活中有很多被形容成"范本""榜样"的事物以"样板"一词来标榜，为此，顶级设计师也是设计界的样板。本书精选的48个项目都是来自样板设计师近一年来的最新设计作品，诸多的设计创意充分彰显了新古典风格的特点。样板生活，生活中的样板，你也可以拥有！

006 ＼ **水榭山** 深圳市尚邦装饰设计工程有限公司 潘旭强、刘均如

010 ＼ **成都水榭山** 深圳市尚邦装饰设计工程有限公司 潘旭强、刘均如

016 ＼ **和弦悠扬** 福州华悦空间艺术设计机构 胡建国

018 ＼ **古韵新怡** 福建国广一叶建筑装饰设计工程有限公司 罗正环、叶斌

022 ＼ **保利高尔夫花园** 重庆博美组装饰设计工程有限公司 喻毅

026 ＼ **东风西渐** 美颂雅庭装饰公司 胡国梁

030 ＼ **恋上你的颜色** 之境室内设计事务所 廖志强、张静

032 ＼ **宁波金地东御** 上海乐尚装饰设计工程有限公司

036 ＼ **"我的家"健康生态社区** 佳木斯市豪思环境艺术顾问设计公司 王严民

040 ＼ **碧堤半岛** 林文学室内设计有限公司 林文学

044 ＼ **士林黄公馆** 春雨设计 周建志

048 ＼ **卧龙山花园翡翠C型别墅样板房** 广东震旦建筑设计有限公司 董晋强

052 ＼ **卧龙山花园翡翠D型别墅样板房** 广东震旦建筑设计有限公司 董晋强

056 ＼ **蓝天白云下** 非空设计工作室 非空

060 ＼ **悠悠璞居** 非空设计工作室 非空

062 ＼ **归园田居** 刘宝达室内设计工作室 刘宝达

066 ＼ **拙雅宁香** 之境室内设计事务所 廖志强、张静

070 ＼ **龙湖·好望山** 重庆博美组装饰设计工程有限公司 喻毅

074 ＼ **东岸枫景** 西玛设计工程（香港）有限公司 郦波、梁珊、勒奇婧

078 ＼ **宁康嘉园** 福州宽北装饰设计有限公司 陈鸿杰

080 ＼ **奥体新城·丹枫园** 南京传古设计

084 ＼ **波尔多迷情** 上海021设计 温帅

086 ＼ **光影轮转的魅惑** 云想衣裳室内设计工作室 连君曼

090 ＼ **贵德街王邸** 隐巷设计顾问有限公司 黄士华、孟羿彣

094 \ **海润滨江** 云想衣裳室内设计工作室 连君曼

098 \ **"骑士时尚"瑞士风** 深圳市品源装饰工程有限公司 万文拓、彭秋波

102 \ **汇创名居** 福州佐泽装饰设计工程有限公司 魏羽鸿

106 \ **江南水都** 福州华耀装饰设计顾问有限公司 黄小宝

108 \ **混搭情绪空间** 北京尚界装饰有限公司 吕爱华

112 \ **岭兜吴宅** 宽品设计顾问有限公司 张坚、刘可华、邱纪紫、吴小云

116 \ **泸西锦辉铭苑** 中策装饰集团有限公司 张艳芬

122 \ **绿地翠谷二期联排别墅** 兄弟＆香港 LD（国际）室内设计事务所 周彤

126 \ **秦淮绿洲** 昶卓设计·黄莉工作室

132 \ **融侨锦江 D 区 6 号 2001** 福州名宿装饰设计工程有限公司 林德华

134 \ **三盛巴厘岛** 佐泽装饰工程有限公司 林磊

138 \ **大连中庚·香海小镇样板房** 品伊创意机构＆美国 IARI 刘卫军设计师事务所 刘卫军

140 \ **设计师张纪中的家** 张纪中室内建筑 张纪中

144 \ **圣莫丽斯花园住宅** 元本设计机构 乔辉

148 \ **水木清华** 美颂雅庭 童小龙

152 \ **恬淡心境** 上海五凹设计事务所 谌建奇

156 \ **万豪国际** 张纪中室内建筑 张纪中、郭松

160 \ **湘超景园** 长沙艺筑装饰设计工程有限公司 徐经华

164 \ **杨梅亭** 东航室内装饰设计有限公司 邹巍、高波

168 \ **云端的舞者** 上海尚钰室内设计有限公司集采堂工作室 艾木

172 \ **中北品阁** 南京传古设计

176 \ **诸子·谐** 东易日盛家居装饰公司 朱奕

182 \ **三盛中央公园** 福州合诚装饰公司 陈希友

186 \ **紫汀花园** 宁波市鄞州风尚装饰设计工程有限公司 朱森钥

项目面积 /98 平方米　项目地点 / 四川成都　主要材料 / 石材、木饰面、棱镜、壁纸、玻化砖

水榭山

本案为经典混搭风格，设计师运用几何元素和不规则的线条打造出现代都市白领的时尚空间，用现代的手法让空间变得灵动且有趣。家不再是固有的模式，而是一个突破传统、漫不经意的生活场景，人们在这里可以放松地享受生活，这是都市人渴求的理想生活方式。

在本案中，简洁的线条与富有质感的材料勾画出一幅清新素雅的画面，水晶灯、玻璃、镜面的运用使空间显出清冷而耀眼的光芒，同时为空间平添几分华贵之气。这种感觉一直延续到卧室、休闲厅，让空间整体统一，带给人高品质的生活享受。

项目面积 /630 平方米　项目地点 / 四川成都　**主要材料** / 石材、壁纸、防滑砖、地毯、硬包、实木

成都水榭山

本案将意大利文化和风情融入中国现代生活，让人用心感受舒适和艺术，提升了居家生活的品质。欧式家具柔软的质感给居室增添了温馨的气氛，更符合人们追求休闲、轻松、温馨的家居环境的心理。客厅的水晶吊灯拉近了挑高的空间，让人倍感轻松。米灰色与原木色的组合更添几分亲近感，将自然、质朴带入空间，带给人最放松的生活享受。

其他空间的设计与主体风格很好地协调、统一在一起，在整体明亮、温馨的色调中，营造最生活化的低调奢华。家具、床品、布艺也都很好地配合空间主调，以中性色调为主，同时糅合最舒适的材料，在满足空间视觉效果的同时，带给人最佳的享受。

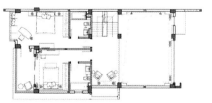

项目面积 /300 平方米　项目地点 / 福建福州　主要材料 / 仿古砖、大理石、壁纸、玻璃、实木花格、手工银箔

和弦悠扬

本案为单层住宅空间，实际使用空间较大。在充分满足使用功能的前提下，本案的装饰风格定位为后现代新欧式混搭，目的是突破一贯的思维模式，做一些大胆的尝试。在主线条为简欧式造型的前提下，采用带有强烈现代气息的材质来演绎空间，如不锈钢加皮革的搭配，镜面玻璃加欧式卷纹壁纸的搭配，木作镂空隔断与手工银箔的搭配，无不体现出强烈的现代气息。色彩搭配强调简洁、明快，线条造型上硬朗而不失柔美，装饰元素既延续了欧式风格特有的柔美、和谐，又不失新颖、独特的气质。这些元素仿佛是跌宕起伏的音符，共同演绎出一曲和谐的乐章。

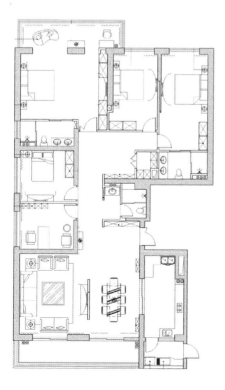

项目面积 /260 平方米　项目地点 / 福建福州　主要材料 / 阿曼米黄大理石、水曲柳饰面板、银箔、壁纸、镜面

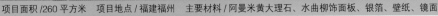

古韵新怡

设计师是根据业主预先收藏和购买的部分家具来进行风格定位的。地下一层是古典中式风格的装饰，古风古韵的红木家具、自然淳朴的墙面木纹，以及装饰画，独有的传统中式情结让设计师与业主产生了共鸣。客厅运用直线条体现出典型的现代风格：大幅玻璃落地窗、造型简单而稳重的沙发和电视墙，尽显一派豪气。

为达到整体空间视觉上的一致性，设计师在客厅用深色木纹来装饰墙面。自然怡人的气质，简朴与优雅的线条，温暖与稳重的色彩，没有处处引经据典的跌宕起伏，去除了夸张的装饰造型，有的只是平和宁静与温文尔雅。

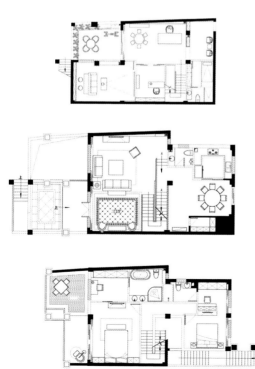

项目面积 /850 平方米   项目地点 / 重庆   主要材料 / 壁纸、石材、木地板、文化石、仿古砖

保利高尔夫花园

这是一套细节设计堪称经典的独栋别墅。本案采用的是目前全球豪宅设计装修的主流风格。新欧式风格、地中海风格、美式乡村风格在豪宅的不同区域展现，最终呈现出经典混搭风格。客厅旨在显示高贵、精致与奢华，内部的装潢古典而静谧；餐厅体现了地中海风格闲适、自然的生活方式；多功能厅通过落地窗与户外花园相互呼应，阳光明媚和清新雅致的美式乡村风格让业主在悠然中尽享大自然的卓越品位。室内采用空间的重组与扩充，使空间显得更开阔、大气。为了彰显大宅的精髓，设计师灵巧地运用优雅的细节和经典的造型，塑造空间的形态和深度。

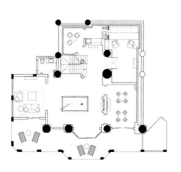

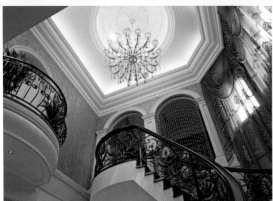

项目面积 /150 平方米　项目地点 / 湖北武汉　主要材料 / 进口易得涂料、铜版雕刻、景德镇瓷器、亚光砖

东风西渐

"中国的也是世界的" ——五环的色彩在本案中进射出异样的民族情结，表现形式充满了异国的情调，灵魂却是属于民族的。东方的婉约与西方的神秘暧昧地缠绵着，在一场渗透与反渗透的博弈中和谐共处，一种有形的无形的混搭情愫张狂地外溢，非主流的宣泄只属于艺术才有的张扬。

从入口过道的个性柜到空间中不同色彩的运用，处处让人感受到无限的生机。清新的翠绿色与白色搭配在一起，让颜色对比得更彻底，也更显时尚。而卓越的湘绣、招摇的面具、优雅的酒杯、妩媚的首饰、雍容的皮毛、婀娜的蕾丝，无不让人目不暇接地穿梭在东方与西方的时空隧道中，让东方古典的"红、绿梦"通过西式的韵律谱写得淋漓尽致。

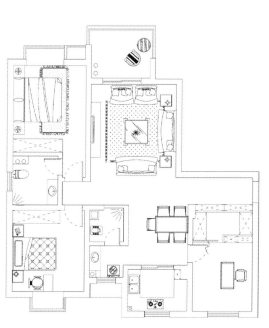

项目面积 /50 平方米　项目地点 / 四川成都　主要材料 / 乳胶漆、瓷砖、木材
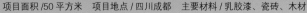

恋上你的颜色

地中海的天空、海洋、沙滩，那种空气中都漂浮着悠闲味道的蓝色与白色无处不在，好像薄纱一般轻柔，让人感觉自由自在、心胸开阔。

设计师与业主沟通之后，拆除了所有的非承重墙，也拆除了束缚心灵的种种约束。同时，设计师又进行了一些大胆的尝试，比如自己动手给鞋柜、衣柜、床头柜等柜体刷漆，墙壁上的乳胶漆做旧也好，仿古也罢，都由设计师自己动手完成。瓷砖的选择也进行了一些新的尝试，颜色的随意搭配带给业主更多的欣喜。墙面以摩洛哥陶土色作为主调，温暖、明亮，突显异域情调，让空间在色彩的律动下快乐地舞动。

没有一成不变的风格，只要有勇气去追求破壳后的美丽，就能衍生出更多美丽的画面。

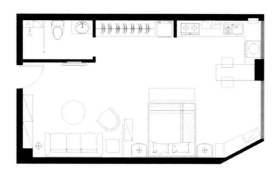

项目面积 /240 平方米　项目地点 / 浙江宁波　主要材料 / 玻化砖、大理石、防滑砖、木地板、壁纸

宁波金地东御

本案是一个混搭风格的家居空间，在进入其中的瞬间便能感受到浓厚的异域风情，细细观赏之后，又能感受到更多风格的存在：现代简约风格、传统中式风格和东南亚风格等。

客厅是最能表现家居空间氛围和气质的地方，这里以香槟色为主色调，配以简约而富有质感的背景墙，点缀以紫色、玫红色、铜金色、浅咖色，一个素雅、华丽且大气的会客厅就此展现。卧室则各有千秋：主人房流露出浓烈的东南亚气息，床头墙上的两把扇子围合成一个大扇形，映衬着米白色的软包墙，显得素雅而富有艺术底蕴；男孩房则以清爽、简约为主，以男孩钟爱的玩具装点空间，既是展示，又是收纳的一种方式，舒适又惬意。

项目面积 /198 平方米　　项目地点 / 黑龙江佳木斯　　主要材料 / 黑胡桃木饰面板、文化砖、布艺、复合木地板、油漆、涂料

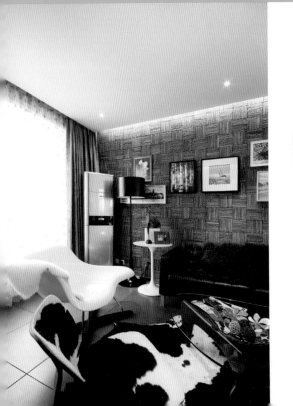

"我的家"健康生态社区

本案的家居空间以简约风格为主，造型简洁，不同的材质与色彩以低调的姿态呈现。背景白色在这里成为了配角，那些鲜活的赋有生命力的经典家具闪亮登场，成为了空间中的焦点，使得空间具有平和且充满活力的生活氛围。不同元素轻松地混搭在一起，更加反映出空间的细腻雕琢，在自然与柔情间传递着内敛的摩登情境。

在这样简约的空间里，黑白色调与摩登家具带来的清爽不言而喻，加之绿色植物的点缀，更添几分清新、自然的气息，让人倍觉赏心悦目、心旷神怡。

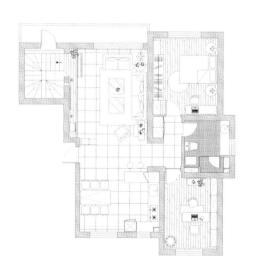

项目面积 /230 平方米　项目地点 / 香港　主要材料 / 图案壁布、电动卷帘、牛皮地毯、青石板、橡木、雅士白大理石

碧堤半岛

本案是简约时尚与怀旧朴实的结合，让人既能感受到时尚的外观，又能体会到古韵的味道，可谓一举两得。

客厅里宽大的米色沙发呼应着白墙和黑色茶几，鲜明而大气，大幅玻璃窗让室外的景致尽收眼底。餐厅里的墙身保留原有状态，充满原始气息，在良好的自然光下显得大气而自然。整个公共大厅的玻璃墙都安装有卷帘，便于在夏季遮挡烈日。

整体空间的色彩柔和而素雅，既充分体现出空间的层次感，又显得协调统一。加之空间够大，客厅便设置了宽大的投影屏幕，满足了家人视听娱乐方面的要求。而灯光也是扮靓空间不可多得的要素之一，不同的灯光令墙身产生不同的视觉效果，让家居空间更加温馨。极富中国风的装饰画是空间的亮点，点缀着素色墙面，鲜明而夺目。

项目面积 /224 平方米　项目地点 / 台湾　主要材料 / 大理石、铁艺、玻璃、镜面、实木

士林黄公馆

本案属于老屋翻新项目，三十多年的老房子要进行重新规划、设计。设计师将畸零及斜角空间完美地呈现，将业主原有的诸多中式家具融入新环境中，并在规定的时间内完成设计与装修。经过多次的考察，并与业主反复地沟通后，设计师决定将隔墙全部拆掉重建，也将原先架高的地板和包梁顶棚一并拆除。现在从入口到客厅，再到餐厅与厨房的地面都变得平整许多，视野所及的水平面与立面的质感也得到加强。焕然一新的空间使原来的旧家具成为空间里的视觉焦点，营造出中西合璧的和谐氛围，也赋予客厅一个新的定位，让其成为家人欢聚一堂的场所。透亮的感觉延伸至室内，让空间展露出真正的大宅气质。

项目面积 /428.8 平方米　项目地点 / 广东东莞　主要材料 / 新莎安娜米黄大理石、水曲柳饰面板、实木地板

卧龙山花园翡翠
C 型别墅样板房

设计师将古典风格的装饰元素融入现代空间，特别是精心挑选的吊灯，照亮了室内主要的公共空间，营造出丰富、雅致的生活氛围。

设计师将一楼公共空间处理得简洁、利落，墙壁、地面的白色大理石使空间更显素净，墙面多以壁纸和线性造型来修饰。客厅采用开放式设计，利用家具和精美的工艺地毯进行空间划分。

建筑装饰线条简洁明快，颜色细腻古朴，材料质感丰富，家具浑厚有力，饰品端庄典雅。地砖的仿古幽思、红橡木的原木表情、大理石的流光溢彩、织物的温和柔美、古典的奢华在现代的简约中萦绕，让人感受到空间的简约魅力，让空间既有传统底蕴，又富有前瞻性的生活品位，独特气质隐藏在质朴的外表之下，自然、随意、开放、包容。

项目面积 /389.8 平方米　项目地点 / 广东东莞　主要材料 / 乳胶漆、白橡木、实木地板、新莎安娜米黄大理石

卧龙山花园翡翠
D 型别墅样板房

本案设计是包含新古典风格、南加州风格、新中
式风格等不同韵味的混搭之风，豪华与大气是
本案强调的重点，客厅中淡雅的绿色与金色的搭配，
让空间在优雅中不乏高调，平淡中不乏俏皮。
空间以温馨的暖色调为主，通过细节的精巧处理和对
色差的运用，让空间变得完整又丰富。开放式的格局
和大面积浅色的运用，极大地舒展了空间的视线，大
气又不失布局的完整。中式的餐椅与欧式吊灯的搭配，
布艺沙发和木质家具的组合，原木色与白色的相间，
无不让空间在混搭之中尽显和谐之美。
繁复而又有序的卷草壁纸为空间增添了不少韵律与节
奏，同时让空间的视觉层次丰富了不少。

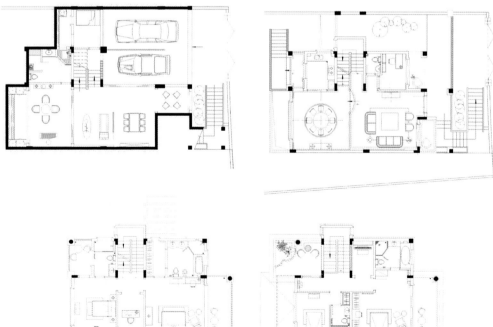

项目面积 /210 平方米　项目地点 / 广东深圳　主要材料 / 仿古砖、乳胶漆、作旧木、壁纸、手绘涂料、彩绘玻璃、木地板

蓝天白云下

有人说，到达了生命的某个特定时期，任何地方都是可以安身的。

无论在哪，头顶上总有属于自己的那一片天空，天空下，是你和你的家人一起生活的地方，那就是家。有时在乡下，在林间、在河边、在山腰；有时又在城市，在高楼、在别墅，在球场，在酒店……家一直在那里，而你只是过客，对于我们所有人来说，家，就是某一个时期的归宿。

大家都忙碌着，匆匆地行走，偶尔抬头望天，只愿天空蔚蓝，云朵悠然。回到家中，蓝天白云、花开四季……你才恍然觉悟：原来想要的，如此简单；原来拥有了，如此幸福！

项目面积 /180 平方米　项目地点 / 广东深圳　主要材料 / 文化石、仿古砖、实木、石材

悠悠璞居

赏一木，忆不完也曾繁花似锦、枝盛叶茂；观一石，数不尽历经万世沧桑、化尘为土；春夏秋冬、日月更替都是上天的赐予，悲欣交集，顺逆一如。

平静，仅仅是一种生活态度，而现代都市人缺乏的正是这种平静。行走在钢筋混凝土构建的高楼大厦里，看惯了都市的车水马龙和灯红酒绿，疲惫和厌倦的情绪日益高涨，亲水、亲自然的心情得不到满足。于是，设计师就将大自然的气息和田园般的意境搬入家中，让人在一门之隔间感受两种截然不同的天地，带给人温馨、清爽的享受。木质的家具以清晰的纹路装点空间，朴实而自然；手绘的风景画带人进入清隽的艺术氛围；青花瓷、根雕工艺、花卉布艺、竹藤编织……入室便如忘尘，如悟禅、心静、境空。

项目面积 /135 平方米　项目地点 / 福建福州　主要材料 / 原木、青砖、地砖、壁纸

归园田居

南江滨是福州市美丽的水乡，本社区正好位于此处。小区的周边景观优美，一条人工河环绕小区，小区内的绿化设计巧妙、合理，围绕水的主题和周边的环境融合得完美而自然。本案位于一层朝南的位置，且自带花园，在家里的任何位置都可以看到外面的景观，因此设计师将小区的美景和室内的环境有机地结合起来，既不显突兀，又能将"水乡"韵味展现出来。另外，业主的文学修养深厚，这也成为设计的主导思想，整个设计以中式的元素为主，结合庭院和田园式的装饰手法，加入美人靠、清水墙等装饰元素，营造出理想的"归园田居"。

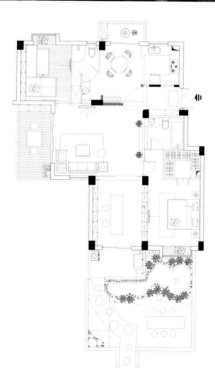

项目面积 /89.6 平方米　项目地点 / 四川成都　主要材料 / 乳胶漆、瓷砖、玻璃

拙雅宁香

"——个人住，不需要那么多的门和墙，只想生活起来没有阻挡，去哪都很方便。想要浴缸，可以泡泡花瓣浴。书和 CD 都很多，想要大书柜。想要……" 在这样的前提下，设计师以混搭风格为定义，展现休闲的生活状态，让家真正成为私人情绪的涂鸦板，肆意任为，随意自在。自由、放松、自我，没有风格限制，却有唯美梦境……整个空间在无隔断、无门片的条件下完成区域划分，充分显示出休闲、洒脱的个性。搭配一些细节装饰，将中式的典雅、田园的清新自然、地中海的浪漫综合在一起，为业主打造一个真正属于自己的"逍遥岛"。小型盆栽为室内带来了绿意、生机和浓烈的清爽气息，再搭配古韵的壁纸和清幽的地砖，营造出怀旧、清雅、浪漫的家居空间。

项目面积 /160 平方米　项目地点 / 上海　主要材料 / 仿古砖、质感涂料、油漆做旧、酸洗石材

龙湖·好望山

本案是一套花园洋房。设计师采用了托斯卡纳和新古典相结合的设计风格，将别墅豪宅的设计手法灵活地运用在中小户型上，不但没有使这套洋房显得拥堵，反而更添温馨、浪漫。材质丰富、色泽细腻、质感优良，不管是空间的布置，还是家具和饰品的选择，都表现出自然、悠闲的意味，整体自然优雅，细节精致典雅，让空间突显出低调奢华之美。

置身于充满异域情调的环境中，沿着仿古砖铺就的地板，清风拂动，所及的古典壁炉、精雕的门柱、铁艺制品、古铜色的灯饰、浪漫的花束等，让人感受到浓厚的古典韵味，以及大自然最甜美、最纯正的气息。

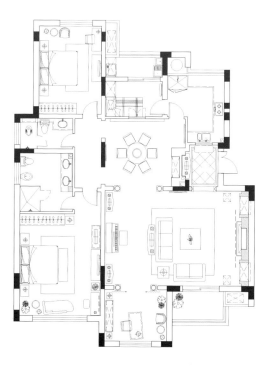

项目面积 /174 平方米　项目地点 / 广西桂林　主要材料 / 复合木地板、红色夹胶玻璃、布艺软包、大理石、柚木

东岸枫景

就像书籍一样，不同的空间会有不同的内容。
每个空间都应该体现出使用者的文化与精神。
灵感带出变化，东方的生活习惯，西方的文化影响，
删繁就简还是立异标新？在这间位于闹市的顶层公
寓，处处充满着矛盾与和谐共存的"对话"。
设计师采用设计前卫的灯具，以东方的表情，在这
个完美的戏台上上演一出文化碰撞的好戏。空间中
有着素雅而鲜明的色彩对比，搭配简约而明朗的设
计，也有着黑白配色的经典、尊贵和典雅的气质，
让人感到舒适和惬意。

项目面积 /290 平方米　项目地点 /浙江乐清　主要材料 /瓷砖、水曲柳饰面板、乳胶漆

宁康嘉园

本案是以混搭风格定义的空间。由于项目在异地，因此操作起来比较困难。设计师在线与业主保持沟通，同时，双方对项目都有着持续的热情，这些都是本案成功的关键。

让人在混搭时空中找寻旅行的意义，让人足不出户也能拥有另一片天空下的悠然假期，这便是本项目的设计理念。

客厅以东南亚风格为基调，细节上却不乏地中海元素，绵延的曲线弥漫出一派柔和，摒弃了传统装修中一成不变的直线所带来的生硬感，于是时光的脚步也随着这样的线条变得舒缓。在喧嚣的都市里，时间随疾驰而过的车辆一同穿梭，而在这里，人们将感受到静静流淌的年华。

项目面积 /130 平方米　项目地点 / 江苏南京　主要材料 / 实木家具、实木地板、仿古砖、灯具

奥体新城 · 丹枫园

在这个家居空间里，设计师基本上保留了房屋原本的结构，只是对书房墙体做了些许的改动。原本封闭的空间如今成为四面通透的开阔空间，这比封闭式书房更能吸引人。不管是处理遗留工作，还是学习，开阔的视野和通透的环境都能带给人不一样的生活体验。

另外，本案以传统文化下的中式审美为基础，在浓郁的东方气息中添加一点西式元素，使得室内空间散发出清新、时尚的味道，传统的雅致、清新与西式的时尚、优雅结合在一起，激发出两种文化的碰撞，自然而和谐，知性而优雅。

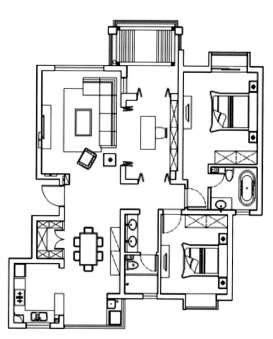

项目面积 /171 平方米　项目地点 /浙江杭州　主要材料 /抛光砖、画框线、壁纸、乳胶漆

波尔多迷情

本案的设计充分体现了简约与古典的融合，设计师将奢华、唯美的古典元素融入时尚、干练的现代简约家居中，在心灵泊于淡定的状态中演绎"波尔多迷情"，打造出一个沉稳内敛、低调华贵的家居空间。

设计师全方位地做了考虑，对每个细节都精心地设计，营造出合理、舒适、安全、健康的环境。近似方正的空间以过道为界，各分两边，布局规整，加之厚实而华贵的家具陈设、大气的灯饰、雍容大方的插花，大气之家的氛围油然而生。而欧式的元素看似不经意地流露，更添几分奢华意味，宛如波尔多盛产的红酒，醇厚迷人，高贵而神秘。

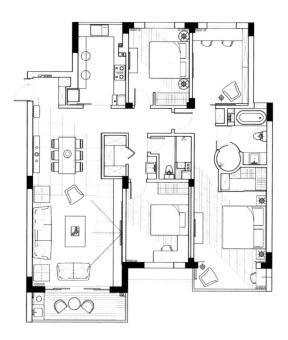

项目面积 /250 平方米　项目地点 / 福建福州　主要材料 / 仿古砖、水泥漆、老榆木、杉木、松木、水曲柳面板、玻璃、铁艺

光影轮转的魅惑

本案整体给人一种光影流转的感觉，如夕阳的余晖洒在墙上、地上、门洞间……这些光影晕染出柔和、温暖的情绪，同时又带点儿惆怅的意味，那是岁月流转带给人的遗憾之美。

进门处一个窑洞式的门框，一盏"阿拉丁神灯"，侧面一道古意盎然的双开门，一幅极具热带风情的风景画，带人进入神秘的国度。

设计师对楼梯的方位进行了改造，将原本通往二层露台的门改为窗户，改善了一层的采光，让空间更加明亮、宽敞。一种原始的、自然的、没有的魅惑在自然流转。

因为顶棚上的梁错综复杂，于是在阁楼按顶部及可用高度来划分空间，同时考虑到通风和采光的问题，直接以铁艺护栏围挡，以利于二层采光。

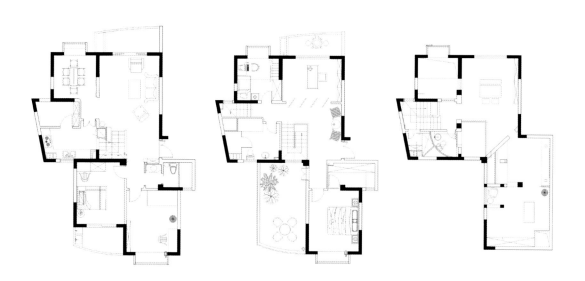

项目面积 /120 平方米　项目地点 / 台湾
主要材料 / 黑铁烤漆、灰镜、强化玻璃、黑胡桃木饰面板、碳化木地板、南方松木地板、火烧砖、水泥粉光

贵德街王邸

本案为传统建筑类型中的公寓，纵向长，中段采光较差。另外，因为建筑公司曾进行二次施工，所以在建筑中段有一公用电梯，这也成为室内设计时保证业主隐私与安全的重点考虑区域。

大多数人都希望尽可能地利用空间，在装修时将阳台收入室内使用。因此，设计师将客厅与餐厅的空间重新定义，彼此的界线不再那么清晰，从而形成一个适合家人聚会、乘凉的阳台，给人一个可以自由呼吸、放松的空间。

设计师打破原有框架，除承重墙外的墙体均按照业主的需求重新规划，以保证室内的采光、通风和视觉效果，努力打造都市中少见的"慢活"居室，为业主勾画一幅介于现代都市与乡村田园之间的生活场景。

项目面积 /120 平方米　　项目地点 /福建福州　　主要材料 / 乳胶漆、水曲柳饰面板、陶瓷锦砖、玻璃、仿古砖、竹材、金刚板、青砖

海润滨江

设计师用暖色调给整个空间镀上一层温暖、祥和的光晕：夕阳般的橙黄、青苔入屋的绿、松针枯落一般的褐……自然熨帖，清爽淡雅。

设计师把传统的中式风格运用得娴熟、自然，同时加入其他风格，让家居最终呈现出混搭风格。餐厅的墙面挂上了油画，显得别有韵味，加上橙黄色的墙面漆，很有一种午后庄园的悠闲、惬意，同时人们在用餐的时候也可以感受到艺术的气息。卧室宽敞明亮，墙面采用木质的格子装饰，加上弧形的窗户和微斜的吊顶设计，让人感觉时间不再是那么的漫长，反添了几分雅致与精巧。

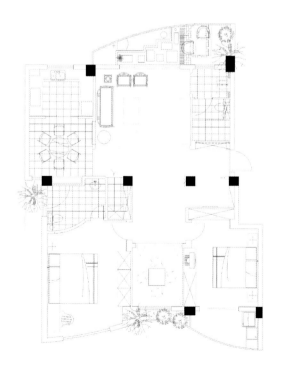

项目面积 /434 平方米　项目地点 / 黑龙江哈尔滨　主要材料 / 软包、壁纸、大理石、地毯

"骑士时尚"瑞士风

　　一段时间以来，极简主义风靡时尚界，后极简主义逐渐产生裂变，人们开始重拾那些被摒弃的经典。如今，备受时尚界青睐的"新怀旧""新装饰"得以重生，也逐渐渗透到人们的生活中。在多元化的影响下，设计绝不是简单的复制经典，而是要将经典融入现代中，以优雅的图案与纹路、现代的材质与工艺，搭配现代的典雅家具，用碰撞与矛盾的手法，融合出奢华的时尚感。设计师对材质及造型的深刻把握，对古典风格的独特见解，以及对尺度的掌握和考究，使空间充满时尚气息，也使优雅、奢华的气质毫不张扬的一一呈现。

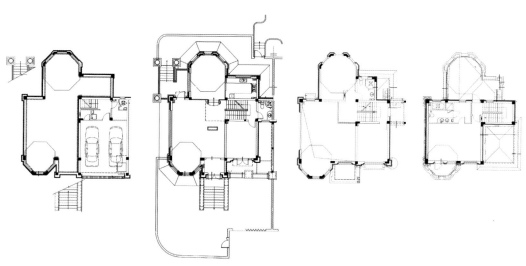

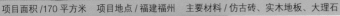
项目面积/170平方米　项目地点/福建福州　主要材料/仿古砖、实木地板、大理石

汇创名居

本案以新酒店风格为主，以浅色为主色调，搭配时尚、高档的银箔元素，体现现代、奢华、大气的酒店风格，这与业主的年龄呼应，也体现了现代人对生活的向往。

设计师对错层的台阶做了很大的改动和调整，使地面、顶棚和墙面造型协调一致。空间以接近中心的一根柱子为圆心进行布局，环环相扣，团团圆圆，既符合中国传统风格，也融入了古典欧式元素，使整个设计主题明确，内涵丰富。电视墙的两侧为中国传统的祥云雕花镂空图案，在不失时尚的同时体现出业主的文化品位。

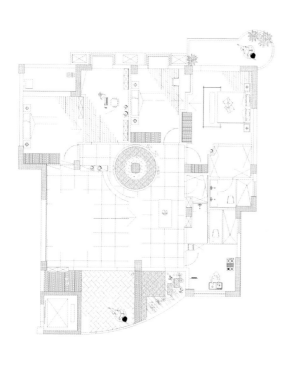

项目面积 /89 平方米　项目地点 / 福建福州
主要材料 / 木纹大理石、黄色玻璃、紫色玻璃、进口摩曼壁纸、西班牙瓷砖、俄罗斯白橡实木地板

江南水都

在 这个 89 平方米的小空间内，四处弥漫着古典的气息。大门内外均用油画框作为装饰，通过其自身特有的纹理美感传达居室的情感诉求。客厅的背景墙用切割工整的方形紫色玻璃点缀，即使夜幕降临，也掩不住这些涌动的紫色。它们抚平了人们浮躁的情绪，将静谧铺洒在居室。背景墙下的古典沙发与茶几在此情形下显得愈发迷人。柔美的曲线，刻画出家的个性；柔媚的丝绒，让人不禁要与之亲近；而宽大扎实的桌脚，则让这方区域有了些许"落地生根"的稳重。它们之间的对比和过渡，让生活空间刚柔相济。业主对这套沙发的喜爱之情溢于言表，当初考虑到沙发的尺寸问题，不得不将预想的餐厅与客厅的位置进行了调换，才让其美感表现得淋漓尽致。

项目面积/140平方米　项目地点/北京　主要材料/报纸纹砖、陶瓷锦砖、大理石、深色壁纸

混搭情绪空间

本案的业主是一对年轻的新婚夫妇，他们个性且时尚，想尽情地享受二人世界，但又喜欢和家人、朋友一起欢聚。因此，原本格局紧凑的复式三居室便显得局促，设计师根据业主的需求对空间进行了改造。一层为公共空间，打掉客厅和餐厅之间原有的隔断，将其改造成通透的空间。二层更改了局部格局，使一些狭小的空间使用起来不那么局促，同时，在细节上保留原有的挑高卧室，把露台改为阳光房。房间以现代简约为主题，在局部空间加入混搭的元素，如二层 LOFT 式的斜屋顶和阳光房的壁炉。整体色调呈中性，基本以灰色、白色、棕色为主，为了增添新房的喜气，在局部空间加入了喜庆的色彩，温馨而又浪漫。

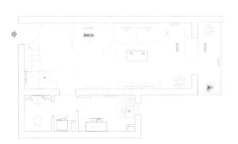

项目面积 /130 平方米　项目地点 / 福建厦门　主要材料 / 霸王花大理石、银雕大理石、灰橡饰面板、木地板、米色玻化砖

岭兜吴宅

本案的业主为一对年轻夫妇，在风格和色调的定位上与设计师一拍即合。整体空间以现代简约风格为主、东方风格为辅。

设计师用灰色来定义空间的基调，并用一些米灰色的材质作为过渡，让整个空间显得个性而不乏温馨感。设计师着重表现了房间的开阔性，将书房与公共空间的隔断用玻璃加拉丝黑钛不锈钢构造，让客厅、餐厅和书房融为一体。卧室以浅色调为主，并搭配木地板及大片落地窗，让卧室充满休闲的氛围，衣柜与电视墙的结合也让卧室显得更加简洁和大方。

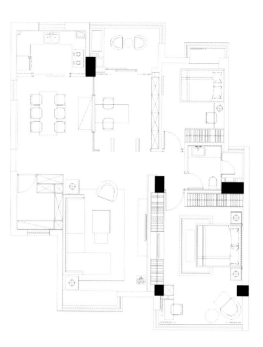

项目面积 /200 平方米　项目地点 / 云南红河　主要材料 / 金意陶瓷砖、艾尼得壁纸、艾尼得班尔奇衣柜、意稼洁具

泸西锦辉铭苑

本案采用了混搭的设计手法，在新中式这种体现民族与传统文化的审美意蕴里融入了东南亚热带雨林的自然之美，原汁原味，体现了业主追求修身养性的生活境界。大面积的木质墙面、艳丽的泰式抱枕、具有艺术感的鼓形休闲摆设、深色的木质家具，都显示出业主深厚的文化内涵。

本案为复式户型，设计师将其功能及空间布局做了颠覆性的改动，使其更加合理，将原本的厨房整体移位，使餐厅和客厅连为一体，同时扩大了卫生间，增加了储藏室和生活阳台。每一处调整后都增加了空间感和适用性，融入了生活细节的设计使业主的生活更具有品质。

项目面积 /510 平方米　项目地点 / 重庆　主要材料 / 大理石、仿古砖、壁纸、烤漆玻璃、陶瓷锦砖、地板

绿地翠谷二期联排别墅

本案的业主是事业有成的绅士，他与家人常常周游世界各地，他们有一个共同的爱好——珍藏世界各地的艺术品，收罗属于自己的珍藏。因此，设计师根据家庭成员的生活方式和喜好，对空间进行合理的规划，并注重配饰的设计和搭配。色彩上以黑色、白色、啡色为主；风格上以欧式古典风格为基调，又融入了现代唯美主义，让空间更加生活化；材质以壁纸、大理石为主，并以工艺玻璃、陶瓷锦砖加以点缀；家具以深色的珍稀实木为主，营造出一种既轻松又稳重的家居氛围。本案的设计不但体现出家庭的温馨、舒适，更以其高贵、典雅的气质突显出业主对个性、浪漫、时尚的美学观点和文化品位的追求。

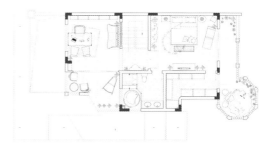

项目面积 /205 平方米　项目地点 / 江苏南京　主要材料 / 实木、艺术壁纸、乳胶漆、茶镜、玻璃、作旧漆

秦淮绿洲

穿过入户花园，展现在眼前的是客厅。客厅的电视墙力求简洁，但又不能过于单调，因此在设计中运用深色草编壁纸，并在靠近顶部的位置选择与整体色系相近的茶镜来提升空间的通透度。壁纸、玻璃、地板、楼梯及沙发的颜色浑然一体，稳重、大方。而沙发墙上的中国山水画映衬着电视墙的色彩，极富静幽、古朴的意味。餐厨空间清新自然，作旧的绿色橱柜、实木的餐桌椅、古铜质感的吊灯、手工的窗帘，让空间在典雅中流露出温情。主卧大气、稳重，床头的壁纸与床的皮质靠背完全融于一体，电视嵌入衣柜，轻灵而优雅。书房里竖条纹的壁纸与整体风格十分协调，书柜摆脱了常规的单调造型，个性而时尚。

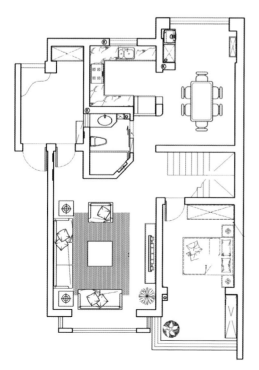

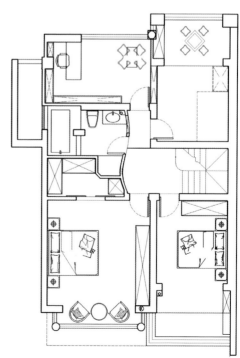

项目面积 /135 平方米　项目地点 / 福建福州　主要材料 / 鸡翅木、瓷砖、木地板、壁纸

融侨锦江 D 区 6 号 2001

本案在设计上注重空间格局，多采用开放式设计，让自然光在不同质地的切面上得到充分的反射和扩散，营造出丰富、雅致的室内环境。协调、平衡和健康为本案选色的主旨，主要以柔和、典雅的色彩为主，空间显得大气而深沉，具有一定的内涵。家具和室内饰品的取材多来源于大自然。不同肌理的石材强调了墙体的空间感和秩序感；形式古朴、色泽温润的花砖在不知不觉中延伸了地面空间；独具风情的波斯纹样地砖，传达出来自异域国度的文明和神秘；柜门搭配地中海式的藤编材料颇具艺术观赏性，赋予了门廊生命和浪漫的气息；诸多富有浓郁历史文化的古典家具，作为诠释空间的精品符号，在不经意间成为视觉停留的地方，将空间的魅力完全释放出来。

项目面积 /130 平方米　项目地点 / 福建福州　主要材料 / 瓷砖、米黄洞石、紫罗红大理石

三盛巴厘岛

本案业主，喜欢白色、简欧式风格和田园气息，希望厨房明亮清爽，入户区放鞋的空间要大。因此，设计师对原有的保姆房、书房和厨房进行了整合，扩大了厨房和书房的空间，合理地缩减了保姆房的面积。整体空间大面积地运用玻璃材质，既透光，又将各个空间融合在一起，同时还将欧式的开放元素和中国传统生活习惯联系在一起。局部设计采用了现代流行元素，抛弃古板的欧式格调，创造新的视觉感受。客厅的墙面利用现代艺术元素与爵士白大理石形成呼应。两边对称的造型对应一个书房入口和一个储藏柜门，并做成隐藏式的整体图案。主卧大面积地运用米黄色欧式风格的壁纸，以及田园风格的床品，雅致而清新。

项目面积／77平方米　项目地点／辽宁大连　主要材料／大理石、仿古砖、乳胶漆、陶瓷锦砖、实木、壁纸

大连中庚·香海小镇样板房

神秘的海是色与光之间的对话，略带几分英伦式的忧郁。它是少许的阴霾或轻柔的阳光所带来的激情退去后的神秘。

本案以"色与光的秘语"为主题，运用色与光营造出一个神秘的世界，同时使中东风格的神秘与热情在这里相互交映，呈现出奇妙的异国风情。整个空间以蓝色和黄色为主色调，蓝色绒布沙发夹杂着的金边与富丽奢华的织物营造出舒适、华丽而又神秘的氛围，让人仿佛置身委内瑞拉的国度。花纹瓷器台灯带着浓郁的中式味道，与精致的镜框相搭配，更有趣味性。用雕花、彩色玻璃、陶瓷锦砖制作而成的镶嵌在沙发墙中的装饰性门窗，精巧而雅致。

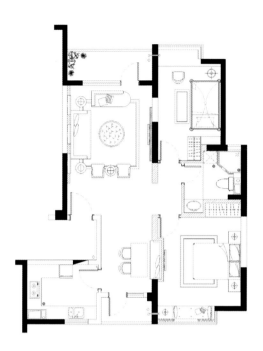

项目面积 /250 平方米　主要材料 / 壁纸、乳胶漆、地砖、地毯、实木地板、石材、仿古砖

设计师张纪中的家

本案汇聚了很多设计师对设计的想法，不是为了风格设计而生活，而是为了生活而设计风格。没有条条框框的限制，生活也就更加随意，设计也就更加生活化和个性化。在这里，欧式的家具、富有中国文化特色的茶室及现代的表现手法均有体现，却没有一丝的不协调。

从公共区域到私密空间，从楼下到楼上，无一例外都是实木家具、实木地板、仿古砖，整体空间沉稳、大气，有着中式空间的典雅内涵，也有着欧式风格的奢华与大气。主人房的典雅秀美，儿童房的清新自然，书房的古韵悠然⋯⋯这一切混搭得有滋有味，情趣盎然。

项目面积 /180 平方米　项目地点 / 广东深圳　主要材料 / 复合木地板、咖啡色乳胶漆、地毯、仿古壁纸

圣莫丽斯花园住宅

家是一个充满情感的空间，它将人们带入过往的记忆，就像是一本有生命的相册。

在本案中，整面墙的书柜、珍贵木材制作的中式案台和瓷器等，都彰显出文化的沉淀，呈现着时间与空间的对话。经过处理的花梨板块桌面被粗犷的香樟木脚墩支撑着，庄严而大气，既实用又有收藏价值。中式的案台雕刻出岁月的痕迹，加上栩栩如生的佛像，彰显出中华文化的源远流长。每一个精心挑选的物件都散发出文化和艺术积淀的味道，装饰画更是赋予空间卓尔不凡的美感。欧式的古典沙发将浪漫、典雅、高贵的氛围带入空间，让人体验到浓郁的异国情调。

东西方古老智慧的灵感在此重新开启，它融合古典气质与现代设计，追求中外文明，传承变迁，诠释新的家居生活美学和空间艺术。

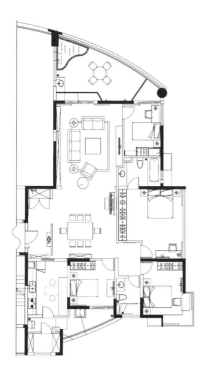

项目面积 /160 平方米　项目地点 / 湖北武汉　主要材料 / 仿古砖、茶镜、壁纸

水木清华

随着装修风格的多元化发展，混搭风格已被越来越多的人所青睐。业主是一个较为稳重的年轻人，对于很多风格都有所偏爱，尤其对明快的现代风格和浪漫的欧式风格难以取舍。设计师在与业主进行多番沟通后，决定以现代风格为主，并搭配欧式风格的主卧，再在过道中点缀中式元素，以此来满足年轻业主的多元化需求。

年轻人的家要拥有现代风格的时尚气息。本案整个空间明快、舒适、唯美。鉴于业主成熟、稳重的性格，家具多为直线造型，这也是对主人生活品位的附和。整个家居空间中弥漫着多个地域的独特风韵，却不会显得杂乱无章。空间中体现着现代人快速、时尚的生活节奏，而又满溢着沉稳的魅力。

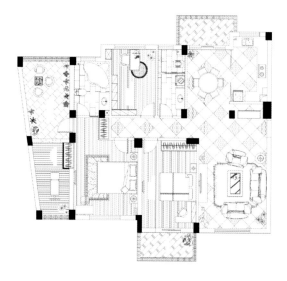

项目面积 /117 平方米　项目地点 / 上海　**主要材料** / 细木工板、石膏板、进口乳胶漆、壁纸、壁画、铁刀木饰面板、实木地板、烤漆柜门

恬淡心境

本案为现代简约与低调奢华相结合的混搭风格。设计师将空间整体色调处理得比较柔和，也比较温馨，表达了在闹市生活中追求的一种心境：在都市生活的灯红酒绿中，弥漫的是慵懒的气息，大脑的每一根神经都紧绷着，繁华声中的嘈杂让人无处可躲，而恬淡是唯一属于自己内心的一块净土。业主是典型的三口之家，拥有极高生活品位和知性气质的业主对自己的家有着同样高品质的要求：空间虽不大，但是要有大家之气，不是顶级的奢华，而是低调的优雅。于是，设计师最终打造出一个现代时尚、优雅华贵的家居空间，给业主提供了最具品位的生活享受。

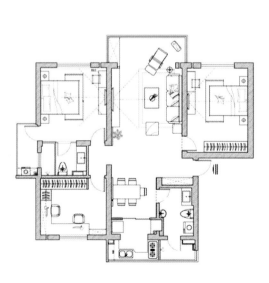

项目面积 /200 平方米　项目地点 /湖北武汉　主要材料 / 壁纸、乳胶漆、地砖、地毯、实木地板、石材、仿古砖

万豪国际

田园风格和简约欧式风格的混搭会营造出怎样的效果呢？本案就是一个很好的例子。客厅的布置很温馨，碎花布垫的座椅和棕红色皮沙发的混搭，将奢华与优雅同时呈现。窗帘选用了偏暖的棕红色，既呼应了沙发，又让人感受到了温馨和暖意。

厨房的设计更让人赏心悦目，由于空间较大，厨房采用开放式设计，将餐厅包含在其中。简简单单的原木餐桌和椅子，铺上一张淡雅的天蓝色桌布，在百合花的点缀下，家的味道就跃然而出。

卧室给人的感觉则大相径庭，主卧沉稳中流露出大气与华丽，但又隐含着丝丝浪漫。儿童房则极尽灵动活泼，蓝色与白色条纹的卡通壁纸搭配着原木材质的双层架子床，将生活、睡眠、玩乐三者合一，为孩子提供了完备的成长空间。

项目面积 /140 平方米　项目地点 / 湖南长沙　主要材料 / 山纹水曲柳染白色、壁纸、陶瓷锦砖、铁艺

湘超景园

本案是以欧式乡村风格、地中海风格为主线的混搭风格。思路确定后，设计从统一中展开，将不同风格的元素和谐地统一在一个整体中。在空间的分隔上，设计师采用虚实结合的手法，既满足了使用功能，又增加了空间的趣味性。在材料的使用上，运用陶瓷锦砖、石材和仿古地砖等很好地体现出各种风格的特征。灯光在这个方案中起着画龙点睛的作用，具有古典意味的大吊灯不仅满足了室内的照明需求，还具有很强的装饰性，灯带和射灯则起到烘托氛围的作用。此外，软装饰品的加入让空间充满了浪漫色彩。

项目面积 /502 平方米　　项目地点 / 江西景德镇　　主要材料 / 浅灰网大理石、银箔、玻璃、瓷砖、布艺

杨梅亭

本案为古典与现代相结合的简欧式风格。设计秉承实用、简洁的理念，并考虑业主的独特喜好，营造出清新、典雅的环境氛围，合理的结构布局，以及协调统一的整体搭配。温暖的色调、流畅的线条、精致的家具、纯粹的色彩，让空间显得温馨、怡人。全开放式错层的客厅和影视厅使空间更加大气。餐厅中摆放的大理石圆餐桌和精致的酒柜，与开放式厨房完美融合。

本方案整体设计融合新古典与现代简约的手法，去繁就简，主要以大面积的暖色条纹壁纸和暗红色的窗帘烘托家的氛围，用大理石及高贵实木欧式家具体现空间的档次，用镜面拓展空间的视觉效果，并强调质感与色彩碰撞的"火花"，带给业主无尽的舒适感，以及高品质生活的享受。

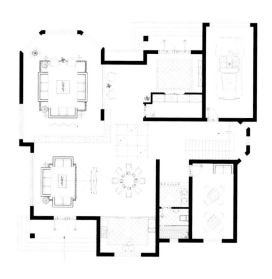
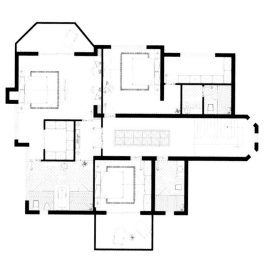

项目面积 /110 平方米　项目地点 / 上海　主要材料 / 复合木地板、玻化砖、定制花格

云端的舞者

业主喜欢开阔的空间和现代而略带中式的格调。于是，在对空间"破"和"立"之后，设计师将原有的三室两厅改为了"一室 + 两厅半"。

朝南的大厅作为书房和起居室。液晶电视置于餐厅区，其后是一个隐蔽的储物间，实用而美观。餐桌兼作书桌，方便业主在家办公和学习。

次卧设置榻榻米，与餐厅连通，并配以花格移门，透出虚实相生的光影。原本的小房间和主卧合并，扩大了主卧的面积，并增设了衣帽间。

将厨房的面积缩小，并改建为开放式。同时，将卫生间面积扩大，使之功能齐全，大幅的牡丹图将其掩藏起来。

一柱熏香，几丝梵乐，东方的神秘和隽秀弥漫开来。

项目面积 /98 平方米　项目地点 / 江苏南京　主要材料 / 实木地板、石材、陶瓷锦砖、壁纸

中北品阁

本案以内敛、沉稳的中国风为设计主线，融入时尚元素与实用主义。古老与现代、东方与西方，两种文化相得益彰而又水乳交融，让空间充分展示出中式沉静的气质与深远的意境，同时又具有现代时尚感。这是综合了两种风格特征的一次展示，也表现出现代人对生活品质的追求。

不同的壁纸运用在不同的空间，打造出独特而极具韵味的墙面，为空间奠定良好的基调。同时，细节上的一些装饰，如柜门上的盘丝结、阴角的吉祥花格、水墨素莲画，无不诉说着唯美的中国古典情韵和时尚的现代优雅。另外，绿植和插花虽然只是零星点缀，却有着画龙点睛之效，让人在不经意间感受到清新自然的气息，也让空间显得生机盎然。

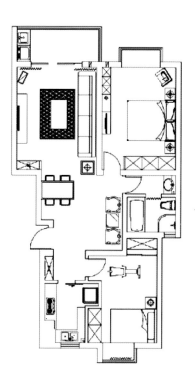

项目面积 /320 平方米　项目地点 / 北京　主要材料 / 爵士白大理石、皮纹壁纸、木地板

诸子·谐

越来越浮躁的都市生活，使人们都渴望拥有一片属于自己的净土。在这里，空气中处处弥漫着温馨与快乐，家人其乐融融、幸福快乐地生活着……

本案为双拼别墅的室内设计，建筑外观简单而规整，有着德国建筑的严谨和现代风格的冷峻。这是一个三口之家，业主希望家居空间简洁、明快、自然且具有与众不同的气质。

房子本身结构比较规整，因此在装修过程中没有像独栋别墅那样大拆大改，只是稍加改动。整个空间装饰以地毯砖、爵士白大理石、皮纹壁纸、木地板等材料为主，以艺术的手法为主线，使每个角落慢慢散发温馨、艺术、优雅的气息。

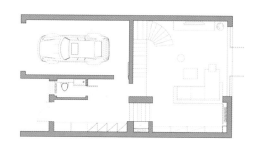

项目面积 / 140 平方米　项目地点 / 福建福州　主要材料 / 仿古砖、实木地板、壁纸

三盛中央公园

在本案中，呈现在人们面前的是一派奢华却不庸俗、优雅却不疏远的氛围。家居有着新古典的典雅、内敛，又有着现代时尚的简约，让人感觉没有距离，又无法忽略那尊贵的气质。就是这样的一种表情，让人沉溺，这是一场人与空间的华丽邂逅，即将上演一场精彩的剧情。

硬装方面大气、雅致，细节装饰方面则精妙、独特，内敛的色彩与简约、流畅的线条表现出复古、怀旧的气质。在木地板和实木家具的烘托下，温润之感油然而生，仿佛可以随时随地坐下，不用顾忌任何人的眼光，完全放松自己，与空间对话，与自然交流。

项目面积 /300 平方米　项目地点 / 浙江宁波　主要材料 / 菠萝格实木、阿曼米黄大理石、瓷砖、壁纸、软包

紫汀花园

材美工精、典雅简朴的明清家具搭配或单色纯正、或五彩缤纷的中式漆木家具；线条柔美、坐感舒适的布艺沙发搭配传承着西方文化的欧式铁艺灯具，以中西结合之混搭手法表现出空间的和谐之美。

色彩、图案、材质、亮度、柔度⋯⋯家居中的一切元素都有丰富、细腻的生命力，在恰到好处的设计中蓬勃生长，西方亦或东方，现代亦或古典，都有恰到好处的交叉点。新中式风格得益于混搭手法的展示，不再拘泥于传统的形式，而是被设计师提取精髓，糅合到现代家居中，使居室更加完美。

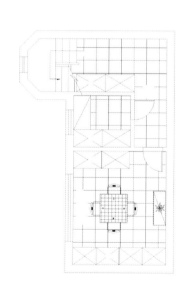
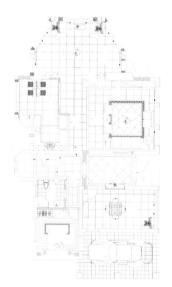